DEFENSE

DE L'AGRICULTURE

EXPÉRIMENTALE,

O U

REFUTATION DE L'EXTRAIT
de cet Ouvrage, inféré dans le
Journal Economique du mois de
Juin 1765, p. 251, 255.

PAR M. SARCEY DE SUTIERES,

ANCIEN GENTILHOMME SERVANT DU ROI

Précédée d'une Letttre écrite à l'Auteur,
& de fa Réponfe.

A PARIS,

Chez CLAUDE HÉRISSANT, Imprimeur &
Libraire, rue Neuve Notre Dame.

M. DCC. LXVI.

AVEC PERMISSION.

LETTRE

DE M. PANNELIER,

Seigneur d'Annel près de Compiegne,

A M. SARCEY DE SUTIERES,

ancien Gentilhomme servant du Roi,
auteur de l'Agriculture Expérimentale.

PENDANT le voyage que je viens de faire, Monsieur, dans ma terre d'Annel, j'ai examiné les 100 mines de terres que vous avez eu la bonté de me faire labourer & semer en bled au mois d'Octobre dernier, suivant les principes & la méthode que vous annoncés dans votre *Agriculture Expérimentale.* Mes bleds, quoiqu'ils ne soient qu'en herbe, sont plus beaux, & ont beaucoup plus d'apparence que tous ceux de mes voisins. Il manquoit pour-

être à mes terres une partie des engrais
qui leur auroient été néceſſaires ; mais
du moins, au lieu de la Charrue à *tourne-
oreilles* ; au lieu de faire labourer à plat,
& de faire enterrer la ſemence avec la
charrue, les labours ont été faits avec
la Charrue de Brie, & en planches plus
ou moins bombées, ſuivant que les terreins étoient plus ou moins humides ;
& la ſemence chaulée, ainſi que vous
l'aviez indiqué, a été enterrée à la
herſe. Ainſi c'eſt ſinguliérement à ces
opérations que je crois devoir la belle
apparence de mes bleds, apparence aſ-
ſez ſenſible pour fixer l'attention de mes
voiſins, dont pluſieurs ſe préparent déja
à adopter les charrues de Brie & votre
méthode. Mais quelle qu'elle ſoit, j'eſ-
père parvenir l'année prochaine à quelque choſe de mieux ; parce que mes
charretiers mieux exercés à votre méthode, la ſuivront plus exactement &
avec plus de ſuccès.

Vous aviez bien raiſon, Monſieur,
de me dire que la charrue de Brie bien-
faite, plus ou moins forte ſuivant les
terreins, étoit ſeule capable de former
tous les labours néceſſaires & convena-
bles : du moins je me crois ſuffiſamment

autorisé à le soutenir avec vous, puisque cette charrue a également réussi sur toutes mes terres. En effet, elle retourne beaucoup mieux la terre, la renverse, & la place au gré de celui qui laboure. Mais, outre cet avantage inappréciable, qui par conséquent devroit seul la faire adopter, quand même son opération seroit plus longue, elle en réunit un second aussi estimable, qui est au contraire d'abréger l'ouvrage ; car il est exact que mes charretiers en font dans le même temps au moins un quart de plus avec cette charrue qu'avec celle à tourne-oreilles. C'est pourquoi on pourroit la nommer *la Charrue économique*, puisque labourant plus de terre dans le même temps, on peut augmenter les labours ou diminuer le train.

Je viens de faire labourer avec la même charrue toutes mes terres à ensemencer en Mars, comme vous le prescrivez dans votre Agriculture Expérimentale. Ces labours ayant été faits plus régulièrement que par le passé, j'espère que ma récolte surpassera de beaucoup celle de l'année dernière, qui, quoique foible en elle-même, s'est encore trouvée abondante en comparaifon de celles de tous mes voifins.

Quant à mes prés, n'ayant pu, à caufe des fortes gêlées, les faire herfer cet hiver après la neige, j'ai, auffi-tôt que le dégel eft furvenu, fait rabattre les taupières, & donner plufieurs dents de herfe, tant pour en arracher la mouffe, que pour la bien mêler avec la terre des taupières, & les différens engrais des beftiaux qui vont y pâturer. Comme dans le Printemps le fol de ces prés eft extrêmement meuble, on ne s'eft fervi que de la herfe à dents de bois; ce qui a parfaitement réuffi, & a donné un binage à mes prés fur lefquels on a paffé la même herfe à l'envers pour les poudrer, en rétendre la terre & renchauffer la racine.

A l'égard des défrichemens, j'éprouve tous les jours que la manière que vous prefcrivez dans votre Livre, eft, non-feulement la plus fructueufe, mais encore la moins difpendieufe de toutes.

Je ne vous demande point comment font vos bleds : les miens me difent affez en quel état font les vôtres. Le fuccès de notre premier effai, eft pour moi en particulier la preuve démonftrative du mérite de toutes vos opérations, & la conviction des principes & de la méthode qui les dirigent, malgré la critique que quelques-uns de vos jaloux ont fait insérer dans le *Journal Economique* du mois de Juin 1765. Vous avez sans doute connoissance de cette critique, qui est & sera vraisemblablement la seule ; tous les Auteurs de Journaux & Feuilles périodiques qui ont parlé de votre Livre, vous ayant rendu la justice qui vous est dûe à tant de titres. Tous ces titres vous autorisent, vous invitent, vous obligent même, comme citoyen, à continuer d'éclairer l'art de l'Agriculture.

En effet, dans cet art le préjugé ou l'usage (bon ou mauvais) du pays décide ordinairement les opérations du Laboureur, & au surplus il ne s'occupe pas à instruire : d'un autre côté, on peut dire que ceux qui ont voulu instruire jusqu'à présent, n'ont jamais opéré. Qui donc écouter ? A qui appartient-il de donner des principes, de prescrire une méthode, si ce n'est au citoyen éclairé, que son goût pour l'Agriculture a conduit à se faire Laboureur, & auquel sa position & ses facultés ont permis d'expérimenter par lui-même

pendant plus de 20 ans, & ce non pas
ſur un clos de quelques arpens, dans des
jardins, mais ſur des corps de Fermes
de pluſieurs charrues, par conſéquent
ſur des terres de toute nature.

Faites donc paroître, je vous prie,
Monſieur, la deuxième édition de votre Livre, en y ajoutant les articles
qu'il fait deſirer, & que vous nous avez
promis d'inſérer.

J'ai l'honneur d'être, &c.

REPONSE

A la Lettre précédente.

MONSIEUR,

JE fuis très-flatté du fuccès de nos expériences. Comme j'en étois fûr, il ne m'a point furpris. Vous reconnoîtrez de plus en plus l'utilité de ma méthode & la vérité de mes principes. Il en fera de même de toutes les perfonnes de bonne foi, qui voudront les mettre en pratique, au lieu de chercher à les décrier, parce qu'ils choquent les leurs, ou par une baffe jaloufie.

On m'a fait lire la prétendue cenfure du *Journal Economique*, & j'avois fermement réfolu de n'y faire aucune réponfe, parce qu'en vérité elle n'en mérite point. Mais tant de perfonnes m'ont répété que les plus mauvaifes objections paffoient pour confirmées par notre filence, quand on les laiffoit fans réplique, que je me suis déterminé à en faire une, mais très-sommaire.

Je songe très-sérieusement à faire une seconde édition de mon Livre. Ce n'est pas pour me départir d'aucun des principes que j'ai avancés, puisque mon prétendu Critique, loin d'avoir fait aucune objection qui les combatte solidement, n'a surément pu persuader que ceux qui ne font point en état de m'entendre, ou gens déterminés à ne m'entendre jamais ; mais c'est pour l'étendre, & y ajouter bien des choses qui m'ont été demandées.

Voici les objets de ces additions.

Je prétends démontrer 1°. que les causes que j'ai assignées à la plûpart des maladies épidémiques des bestiaux, font conformes aux observations & aux faits, & que les vrais préservatifs de ces maladies, font ceux que j'ai indiqués.

2°. Qu'au moyen des engrais que j'ai proposés pour toutes natures de terre, il n'est pas besoin d'avoir recours aux prairies artificielles, sur-tout pour les luizernes, que je soutiendrai toujours inutiles & même nuisibles dans toutes autres contrées du Royaume, que dans les Provinces méridionales.

3°. Quels sont les fourrages tant en verd qu'en sec qu'on peut se procurer, à la place prairies artificielles ; & quelles sont les récoltes qu'ont produites quatre engrais différens sur une même nature de terre, sans avoir eu besoin d'engrais ni de fumiers fabriqués, comme ceux qui sont annoncés tous les jours, quoique nuisibles & dispendieux.

4°. Qu'en faisant labourer avec la charrue de Brie plus ou moins forte, suivant ma méthode, toute espéce de terres, la récolte ne manquera jamais, sera garantie de toutes les rigueurs des saisons, aura beaucoup plus de qualité, coutera beaucoup moins, tant en semence qu'en labour, & sera bien plus abondante.

5°. Que la chaux n'a point les propriétés qu'on lui attribue, & que ce que je lui ai substitué vaut infiniment mieux, coutera beaucoup moins au Laboureur, ménagera la santé du semeur, & garantira, dans tous les cas, les bleds, de la nielle, de la bruïne, & des autres maladies auxquelles ils sont sujets.

6° Quelles sont les causes & l'origine des Insectes différens qui s'attachent aux bleds : les moyens de s'en garantir, & particulierement d'empêcher de gros Vers, apellés *Monts*, de ronger les racines des Arbres fruitiers & certaines Plantes.

7°. La façon la plus naturelle, la plus simple, & la plus sure de conserver, pendant quinze ou vingt ans, dans les granges, les bleds de différentes récoltes, même de leur procurer plus de qualité, sans altérer ni les nouveaux ni les anciens bleds.

8°. Que toutes les nouvelles méthodes pour les défrichemens, qui ont été publiées, ne peuvent prévaloir à celle que j'ai annoncée, mais que la plûpart sont pernicieuses, impraticables & ruineuses.

9°. Les vraies causes des maladies & de la modicité de la récolte de 1765; comme aussi les effets des brouillards, tant sur cette récolte, que sur les pâturages qui ont infecté les bestiaux dans certains cantons.

10°. Que tous les Prés hauts & bas n'ont pas besoin d'autres engrais que de ceux que j'ai indiqués; à quoi l'on ajoutera la raison pour laquelle ces mêmes engrais n'ont pas réussi à quelques-uns de ceux qui en ont fait usage.

11°. Qu'il y a différentes natures de rouille & de différentes couleurs, occafionnées, tant par les diverfes intempéries de l'air, que par la qualité des évaporations de la terre.

12° Les différens ufages qu'on peut faire des chevaux & des bœufs, pour les employer fuivant leurs propriétés.

13°. L'emploi qu'on peut faire des récoltes abondantes que produifent des Provinces reculées, qui n'ont point de débouchés pour leurs grains, par rapport à l'éloignement des rivières.

14°. Quels font les grains que chaque nature de terre peut & doit produire, fans que le fol en foit altéré. Comment doivent être faites les différentes récoltes, pour donner de la qualité aux grains, & pouvoir les conferver fainement.

15°. Quelles font les véritables caufes de la mifère de certaines Provinces, les moyens de la faire ceffer, & ceux de fe procurer encore une main d'œuvre confidérable par la réformation de quelques abus.

16°. Les vraies caufes des mauvaifes récoltes, relativement au temps des femences, & au peu de labours que de prétendus cultivateurs difent qu'il faut donner aux terres légéres, meubles & *veules*.

Ce qu'il convient de faire pour confolider les fols , & leur donner la force de faire faire une bonne production à la plante du bled , fans jamais craindre qu'elle refte verfée ; les inconvéniens & le danger qu'il y a de faire le contraire. .

Je me propofe encore de fatisfaire amplement aux queftions fuivantes qui m'ont été faites par des Amateurs :

1°. Combien de chevaux pour l'entretien d'une charrue ?

2°. Combien d'arpens de terre labourable à cultiver ?

3°. Quelle eft la quantité de fumier qu'il faut relativement au fol le moins gras ? Comment & quand ces fumiers doivent être répandus fur les différentes natures de terres.

4°. Combien de façons à chaque arpent de terre qu'on veut mettre en bled ? Quelle doit être la quantité de femence, relativement au fol ?

5°. Combien de temps pour chaque façon ?

6°. Quelles font les précautions à prendre pour la confervation des bleds depuis la femaille jufqu'à la récolte ?

7°. Quels font les frais de la récolte ?

8°. Quel peut être son produit année commune?

9°. Le prix commun de cette récolte?

10°. Le calcul de la dépense &
du produit net de chaque récolte, ap-
plicable à toutes les Fermes du Royaume?

J'ai l'honneur d'être, &c.

REPONSE

A l'Auteur de l'Extrait de l'Agri-culture (a) Expérimentale, inseré dans le Journal Economique du mois de Juin 1765.

LE début de votre Extrait, Monsieur, en annonce d'abord assez nettement l'esprit & le motif, puisqu'on n'en peut conclure autre chose, sinon que mon Ouvrage ne contient que des inutilités ou des choses pernicieuses : car point de milieu, selon vous. Si l'on vous en croit, je n'apprends que des choses connues & très-inutiles, ou je donne des conseils dangereux. C'est dans cet esprit de modération que vous prétendez éclairer le Public sur la nature de mon Livre. Permettez-moi d'examiner à mon tour, & de péser au poids du bon sens, la justesse de votre censure.

(a) On lit dans le Journal, *Architecture expérimentale* : bevuë singulière.

Je vous le demande, Monſieur : que connoiſſez-vous de plus ſûr que l'expérience ? Quelle théorie, ſi ſçavante que vous vouliez l'imaginer, lui fut jamais comparable ? C'eſt la première queſtion que j'ai à vous faire. Si dans le genre dont nous traitons, il eſt quelque choſe d'inutile, ce ſont tous ces écrits ſpéculatifs qui ſe multiplient tous les jours, & parmi leſquels je comprends, comme de raiſon, le fameux Livre de M. *de Letang*, puiſque ces Ouvrages ne peuvent être abſolument d'aucun uſage à ceux pour qui l'on prétend écrire ; les Gens de la campagne d'une part n'étant point à portée de les entendre ni même de les lire, & la plûpart de ceux qui les liront, n'étant point en état d'en profiter, s'ils ne ſont point cultivateurs. Ce raiſonnement poſitif vaut bien le dilemme que vous faites, & qui n'y répond point du tout. J'y joins encore cette propoſition, que j'érigerai, ſi vous voulez, en thèſe : c'eſt qu'un Livre uſuel, auſſi ſimple que le mien, & à la portée de tous les Lecteurs, eſt infiniment plus utile que les plus ſublimes ſpéculations en ce genre.

Cependant, pour ne pas adopter beaucoup d'Ouvrages purement théoriques, & des systêmes de cultivation que je reconnois tous les jours être contraires à l'expérience, je ne rejette pas indistinctement tous les Livres d'Agriculture sur certaines matières. Il en est quelques-uns que j'excepte, en très-petit nombre à la vérité ; mais comme je ne veux en citer aucun, personne ne pourra s'offenser de la préférence.

Il seroit sans doute à souhaiter, qu'il y eût une Ecole de labourage : elle tiendroit lieu de tous les Livres, & les rendroit inutiles. Mais il faudroit que cette Ecole fut confiée non à des spéculatifs sans expérience, qui de leur cabinet veulent gouverner la campagne, mais à des hommes expérimentés & pratiques.

De ce que je dis, qu'appuyé sur ma seule expérience je réussis toujours dans l'exploitation de mes fermes, s'ensuit-il, & peut-on jamais en conclure, que l'expérience n'ait besoin ni d'intelligence ni de lumières ? Comment profiter, sans cela, de l'expérience ? Votre logique, Monsieur, est une chicaneuse, & manque ici sur-tout de justesse. Vous ajoutez que *je n'ai donc eu que ce qu'on appelle du bonheur*. Voilà comme parlent les Payſans de mon voiſinage : ils concluent des procédés qui me réuſſiſ-ſent, que j'ai du bonheur. Je vous fé-licite, Monſieur, de penſer comme eux. Mais pourriez-vous m'expliquer mieux que ces gens-là ce que ſignifie, en fait de culture, *avoir du bonheur ?*

Vous tranchez dédaigneuſement ſur tout ce que je dis des maladies des beſtiaux, & de leurs cauſes les plus ordinaires; mais couvrir d'un ton de mépris le défaut des moyens qui nous manquent, n'eſt point critiquer. Je n'ai fait que rapporter des faits qui ne ſont pas particuliers à moi ſeul, puiſque j'y joins d'autres exemples. Or vous, Monſieur, qui paroiſſez ſi ſçavant, au moins en ſpéculation, tâchez, je vous prie, de m'expliquer pourquoi, con-formément à mes obſervations & à mes uſages, mes beſtiaux ſont conſ-tamment & perſévéramment préſervés de ces maladies, tandis que ceux de mes voiſins, ſous le même ciel & dans le même ſol, en ſont preſque toujours at-teints? Un ſeul fait prouve plus que tous les raiſonnemens du monde. Vous n'avez que la voie de nier les faits, & moi de les ſoutenir contre toutes vos

négations, ſoit en invoquant le témoignage de ceux qui ſont à portée de
voir ces différens beſtiaux & de com-
parer, ſoit en vous interpellant de vous
aſſurer par vos propres yeux du véri-
table état des choſes.

Vous me diſpenſerez de répondre à
toute l'érudition que vous avez empruntée
des auteurs Anglois & d'autres, elle eſt
abſolument étrangère ici : *Jam dic,
Poſthume, de tribus capellis.*

Je ſuis fâché, Monſieur, que vous
ne connoiſſiez qu'une ſorte de rouille.
Si vous connoiſſiez mieux la campagne, vous ſçauriez que la rouille rouſſe,
ou la rouille proprement dite, vient d'en-
haut ainſi colorée, & provient de l'air,
des brouillards, des intempéries, &c.
mais que ce que j'appelle *rouille blanche,*
faute d'un terme plus intelligible, eſt une
exhalaiſon de la terre même, plus ou moins
forte, ſuivant le plus ou moins de graiſſe
ou d'humidité du terrein.

Ceux qui ont reconnu que la *Clave-
lée* des moutons étoit une maladie in-
terne qui a beaucoup d'affinité avec
notre petite vérole, & qu'elle eſt l'effet
d'un levain renfermé dans le ſang qui
ſe développe, peuvent être d'habiles

spéculatifs. Mais pourroient-ils rendre raison du phénomène suivant ? Comment se fait-il que, toutes les fois que j'ai acheté des moutons en foire d'un même troupeau & d'un même Marchand, dont plusieurs Fermiers de mes cantons s'en étoient aussi pourvus, les miens ont été préservés du claveau qui a infecté les autres cinq ou six mois après ?

C'est encore un fait d'expérience, qu'il regne parmi les paysans des épidémies, dont la cause provient souvent de leur nourriture, c'est-à-dire, d'avoir mangé des bestiaux morts eux-mêmes de quelque mal épidémique. Or ceci ne fait que confirmer la cause que j'assigne à ces maladies des bestiaux, mais qui n'influe que secondairement sur les hommes, lorsqu'ils mangent de cette chair infectée, parce qu'ils ne broutent point, comme les animaux, l'herbe même qui fait sur les derniers son effet immédiat.

Il faut y avoir bien peu réfléchi, pour m'objecter de la contradiction, lorsque je dis qu'il faudroit empêcher la vente des grains gâtés pour la nourriture de l'homme, mais qu'ils peuvent servir à celle des volailles & des cochons qui, constitués bien autrement que nous, n'en font jamais incommodés. C'eſt un autre fait d'expérience, qu'il eſt étonnant que vous ignoriez. Vous n'avez donc, Monſieur, jamais vu de baſſe-cour ? Ne ſçavez-vous pas que toute volaille mange des charognes, & n'en profite que mieux ; que la ponte même des poules qui en vivent, eſt plus abondante & plus ſuivie ? Ignorez-vous que les cochons mangent toutes ſortes d'ordures, & qu'on ne s'en nourrit pas moins ſans danger. Si je voulois me parer d'un peu de phyſique, je rendrois bien plus ſenſible encore l'inconſéquence de votre objection.

Vous faites ſoupçonner, Monſieur, que j'ai tiré ce que je dis du *chaulage*, du Comte Ginnani cité dans le Journal Economique du mois d'Août 1764; mais vous n'avez pas pris garde, que ma *Lettre à M. Thierry*, qui annonce ce procédé, eſt bien antérieure de date à votre Journal, puiſqu'elle a paru au mois d'Avril de la même année. Faut-il encore vous proteſter, que je n'ai jamais lu ce Journal, & que j'ignorois juſqu'à l'exiſtence du Comte Italien que vous m'oppoſez? Mon procédé d'ailleurs eſt ſi peu le ſien, que l'effet de mon chaulage ne se borne point à féconder la semence, mais qu'il préserve encore le bled, dans tous les temps & dans tous les cas, des maladies qui l'attaquent.

Je ne répondrai point, Monsieur, à la chicane que vous me faites sur certains termes nouveaux pour vous, comme *terres lateuses*, & quelques autres. Il seroit bien étonnant que vous entendissiez mieux les termes d'usage à la campagne que le fond même de la matière, où, (je suis fâché de le dire) vous me paroissez très-novice.

Je ne m'arrêterai pas non plus aux expressions de mépris dont votre Extrait est semé, & qui ne tendent qu'à déprimer mon Ouvrage. Tels détails que vous croyez *minutieux & peu importans*, m'ont paru mériter de l'attention, parce que je ne suis qu'homme pratique, & nullement homme à hypothèses ; parce que je ne vois point comme vous de loin, & d'une vue spéculative, des choses qu'on ne peut voir de trop près.

Selon vous, tout ce que je dis est connu ; mais ce que je ne vois point pratiquer, malgré le bien évident qu'il produiroit, est pour moi comme s'il étoit inconnu, & ne peut du moins être trop inculqué. De plus, tout ce qui est utile & vrai, ne peut être, à ce qu'il me semble, confirmé par trop de témoignages ; & j'ai cru devoir ajouter le mien à tous ceux que vous prétendez connoître.

Dans mes détails sur les labours, j'expose simplement ce que je crois partout également praticable ; mais je suis bien oin de penser, qu'on puisse soumettre en un instant tous les cultivateurs du Royaume à une unique & même méthode. Je sçais peut-être encore mieux que vous, Monsieur, les difficultés qu'il y auroit à la faire adopter généralement, parce que je les vois sûrement ces difficultés de plus près que vous, & que je connois mieux l'Agricole. Vous devriez même me sçavoir un peu plus de gré de ma modestie : car je n'ai pas été du moins jusqu'à proposer, comme des Ecrivains de votre connoissance, comme feu M. de l'Etang & d'autres après lui, de faire rendre des Arrêts du Conseil, pour contraindre les Laboureurs à s'assujettir à ma méthode. Je suis trop bon citoyen pour penser jamais à faire mettre de pareilles entraves à l'in-

duustrie

duftrie de l'Agriculteur ; ce feroit le
moyen de tout perdre. Je ne prétends
pas non plus au titre de Réformateur ;
j'ai cherché fimplement à être utile , &
je n'imaginois point qu'on pût s'attacher
de gaieté de cœur à déprimer les écrits
d'un citoyen, qui , fans prétention, fans
cabale , a cru devoir rendre public ce
que fa feule expérience lui a fait dé-
couvrir de plus propre à perfectionner
la culture. Je n'ai fait qu'expofer mes
vûes & ce que j'ai pratiqué moi-même
avec un fuccès toujours conftant. Qu'un
autre trouve mieux , je n'en ferai point
jaloux : car pourvu que le bien fe faf-
fe , qu'importe par qui ?

Vous femblez, Monfieur , invoquer
fur le fuccès de mes labours & de mes
travaux le témoignage de mes voifins.
Non-feulement je ne le recufe pas, mais
encore je vous invite vous-même , &
& tous ceux qui pourroient penfer comme
vous , quelques foient les difpofitions
que vous y apportiez, à venir me cen-
furer fur les lieux. C'eft ce qui ne fera
peut-être pas fi aifé à faire que fur le
papier.

Je dirai plus : j'ofe attefter fur toute
la foi que peut mériter un bon Citoyen,

B

voué uniquement à la vérité, dépouillé de tout intérêt de parti, & qui ne tient qu'à l'amour du bien public, que ma méthode aura le même succès dans tous les pays du Royaume, & dans toutes les circonstances. Venons à la conservation des bleds.

Le mélange du bled vieux avec le bled nouveau, que je propose, tant pour la conservation que pour l'amélioration du grain, est encore une chose qui gît en fait ; & votre logique, Monsieur, échouera toujours contre l'expérience.

S'il n'étoit question que du temps pendant lequel je prétends conserver le bled par cette méthode, je démontrerois qu'il peut se conserver aussi long-temps que le vin, sans même entrer dans les raisons que vous donnez inutilement de la durée du vin de garde, parce qu'elles sont connues du moindre Vigneron.

Mais de ce que le bled nouveau communique de la force à l'ancien, il ne s'ensuit pas qu'il perde à proportion de la sienne, puisqu'il faut nécessairement, pour garder la nouvelle récolte, qu'elle jette son feu, & que, pour ainsi dire, elle ressue, *exsudet* : ce qu'elle ne fait point, sans répandre une partie de son feu & de

ſes ſels ſur l'ancien bled, & ce que j'appelle le régénerer. L'affoibliſſement du
nouveau bled, par cette réaction, eſt une
chimère de votre Phyſique, ſi vous
avez pu me l'objecter de bonne foi.
Je vois bien, après tout, où l'on en
veut venir. J'attaque par là un ſyſtême
chéri, même protégé, celui des *Etuves.*
Or, puiſque l'occaſion s'en préſente, je
proteſte & je proteſterai toute ma vie
contre l'uſage des *Etuves* & des *Fours.*
Je ſoutiens que c'eſt la méthode la plus
pernicieuſe de toutes ; & que, de quelque façon qu'on faſſe paſſer le grain par
le feu, il ne peut que l'altérer dans ſa
ſubſtance, & en conſumer la plus fine
fleur. Ce que vous ajoutez ſur la diſ-
proportion des nouvelles gerbes aux an-
ciennes, qui ſuffit, ſelon vous, pour être
un obſtacle à ce mêlange, n'eſt pas l'ombre
d'une objection. Il paroît que vous ne
connoiſſez pas mieux cette partie (la
manière de placer le bled dans les
granges) que le reſte du labourage,
ſans quoi vous ne l'auriez pas faite.

Je ſuppoſerai, ſi vous voulez, avec
vous, Monſieur, que je n'ai donné dans
mon Ouvrage aucune vuë nouvelle, que
perſonne n'ignore ce que j'ai dit de

B ij

l'amélioration des Prés hauts & bas, qu'enfin je n'indique que des ressources aisées. Mais je le répéterai toujours : comme je n'ai vu la plus grande partie des moyens que je propose, pratiqués en aucun endroit, (& j'en ai vû sûrement beaucoup,) j'ai dû les croire inconnus, & par conséquent en parler. Je vous étonnerois bien d'ailleurs, si je faisois imprimer le quart des Lettres que j'ai reçues à cette occasion, & qui démentent formellement la prétendue notoriété que vous voulez trouver partout, sur les objets dont je traite, dans la seule vûe de déprécier mon Ouvrage. Au reste, en écrivant sur la seule matiere que je me pique un peu d'entendre, je n'ai eu d'autre but que de m'opposer au torrent des mauvaises pratiques, & de faire l'acquit de mes connoissances, dont je me suis cru comptable au public : en profitera qui voudra. Je laisse aussi le champ libre à la critique, sauf à y répondre quand j'en aurai le loisir, & qu'elle en méritera la peine.

Je ne sçais pas, Monsieur, si vous avez mieux démontré que M. *Despommiers* l'utilité des prairies artificielles; mais je ne la crois pas démontrable, par l'expérience que j'ai du contraire. Aussi, bien loin que tous les éloges donnés au *Traité des Prairies factices*, par gens ordinairement plus promps à applaudir les nouveautés, que capables d'un solide examen, m'ayent fait la moindre impression, je vous déclare que je persiste à protester plus que jamais de l'inutilité de ces prairies, & même des inconvéniens qu'il y a à semer de la luzerne & du tréfle dans de bons fonds de terre ; que par-tout où j'aurai quelque voix, je continuerai de les proscrire ; & qu'incessamment j'établirai de la manière la plus forte, mais toujours sur des faits d'expérience, le contraire de vos prétendues démonstrations & des siennes.

L'Ouvrage de M. *de Turbilly*, sur *les défrichemens*, peut-être plus ample que le mien : cela n'est pas difficile. Je n'ai fait qu'effleurer en passant cette matière, que je me réserve encore à traiter avec un peu plus d'étenduë. Mais je puis dès à présent vous dire, que je suis si peu persuadé de l'utilité de sa méthode, que je ne crois pas qu'on puisse imaginer de procédés plus dispendieux & plus propres à détruire les meilleures terres.

En finissant, vous m'accusez d'être en contradiction avec moi-même, pour avoir avancé d'une part, que tout n'est pas dit sur l'Agriculture, (ce qui n'est sûrement que trop vrai), & pour m'être ensuite élevé contre les Ecrivains qui, sans expérience, ne cherchent qu'à se donner l'air de cultivateurs, ou de gens à découvertes. Où trouvez-vous là, Monsieur, en bonne logique, l'ombre de contrariété ? Tout n'est pas dit sans doute, mais il ne s'ensuit pas que ce qu'on dit de nouveau, soit ce qu'il falloit dire : voilà ma proposition en règle. Arguez-la, si vous pouvez, de paralogisme. Qu'il paroisse un bon Ouvrage sur la matière de la culture, un Ouvrage usuel fondé sur des faits de pratique, je serai le premier à le canoniser.

Mais tant que je serai convaincu par mes propres yeux, que la plûpart des nouvelles méthodes enfantées par vos spéculatifs n'ont point eu le succès qu'on en espéroit, & que beaucoup de Laboureurs qu'on a forcés d'en faire l'essai, ont été ruinés, ou sont totalement dégoûtés du peu de fruit qu'ils en ont tiré, (comme je suis en état d'en faire la preuve,) je me défie de toutes à bon droit. Si vous viviez à la campagne, vous verriez, Monsieur, par la résistence qu'on éprouve plus que jamais de la part des Laboureurs, lorsqu'on veut leur faire adopter la moindre nouveauté en fait de culture, à quoi ont abouti tous les beaux systêmes de M. de Letang, & des autres réformateurs de cette espéce.

Je lis dans une note de votre Extrait ce qui suit : » On nous assure qu'un » Membre de la Société d'Agriculture » de Paris a réfuté les idées de M. de » Sutiéres, dans un Ecrit qui n'est pas en- » core imprimé. « Ceci m'a donné le mot de l'énigme ; je vois de quelle source part la critique, & quel en est l'objet. J'attends donc, Monsieur, cette nouvelle critique, & sûrement elle ne restera pas sans réponse. Je desire de bonne foi d'être éclairé ; mais chicaner à perte de vuë, n'est pas instruire. J'ai invité plus d'une fois des Membres de cette Société à vérifier par leurs propres yeux le succès de mes différentes pratiques. Il est venu furtivement des curieux dont j'ignorois la mission ; mais aucun d'eux ne s'est présenté pour me confondre par mes propres faits.

Je suis, Monsieur, &c.